Latte

# 貓咪希望你知道的另50件事

三貓媽媽◎著

# 目次

妙副總
《貓咪希望你知道的50件事》
你只有答對30題
勉強及格……

怎麼會!?
我養你們那麼多年
居然沒全對……

像這個屁屁類
的問題你全錯

Hi

因為我真的沒有
喜歡你們的屁股

還有啊
不要再把我們
聞味道說成"親"

那不是我做的

這個這個！
梳毛的也錯
這不能怪我…
實際和理論不同啦
我♡梳毛
你在幹嘛
梳你就完蛋！
哈哈哈
超萌
也不要把打哈欠照片配上"哈哈哈"，也不要把驚恐的眼神當可愛
根本不是那樣！
就說那不是我做的!!

# 手指指，做個好朋友？

和新相識的貓咪打招呼，別以為你只要面帶笑容、彎下腰、溫柔地撫摸就可以得到他的垂青。這招對於已經認識你的貓咪是可以，但面對陌生的貓咪，你可能只會換來屎面一張，甚至爪痕數條。

其實，要和新相識的貓咪打招呼很簡單，你只需要一隻手指。

在我們的世界，我們就靠互嗅鼻子去確認對方的身分，新相識的話，就用互嗅鼻子去認識對方。你伸出來的指尖，就代替了貓咪的鼻子。

在新相識或和你不大熟悉的貓咪面前，你先要彎下腰或蹲下來，把你和他的距離拉近，然後慢慢伸出你的食指在他鼻子前約十公分，對，就在約十公分前就停下來，好讓貓咪去決定他到底想不想和你交朋友。

如果他對你感興趣，他就會走向前嗅你的指尖；如果他喜歡你的話，就會用他的臉頰或頭頂去擦你的指尖。這時，他正在把他的氣味擦在你手指上，這也表示他承認你是他的朋友；若他再進一步走近你身邊，這代表他願意和你有進一步接觸，這時你就就可以撫摸他。

但如果他只往前嗅了一下你的指尖，然後就退後，這代表他對你不感興趣，你就讓他走開吧！

# 用屁屁說聲好

我們貓咪之間是如何打招呼？我們會將頭頂或臉擦向對方的臉和身體，就等如你們人類的「High Five」。這行為會把我身上的氣味擦到對方身上，這就是我視對方為自己人的表現。

另一種打招呼方法，就是用屁屁對著別人。

我們幼時會向貓媽媽展露屁屁，目的是要求媽媽清潔一下。所以我們只會對我們喜歡和信任的人和貓展露屁屁，如果對方不嗅嗅屁屁，會被視為不禮貌。所以，當我們豎起尾巴、用屁屁對著你的臉，其實我是對你說「你好嗎？」

我沒有說「你好嗎」，你幹麼嗅我屁屁？

哎呀！

# 面癢癢

面 癢癢？才不是呢！我們貓咪的額頭、嘴角和臉頰有釋出氣味的分泌腺，而擦上我的氣味的東西，當然就是屬於我的了。

當你下班回家，我第一時間跑到你腳邊磨蹭、用頭三百六十度地擦拭著你，除了是我對你最崇高和真摯的「歡迎回家」儀式之外，也是要宣示主權，告訴全世界知道：「你是我的！」

我留了我的氣味啦～
把個紙箱還給我！

# 唔怕生壞命，最怕取壞名

無論你為我取什麼名字，最重要是簡單和響亮。

我們貓咪很聰明，用小點心訓練，只要親切地呼喚你給貓咪的名字，當貓咪回頭有反應，就給他小點心作鼓勵，不用幾次，貓咪便知道那是自己的名字了。

告訴你們一個小祕密：大家都知道我叫「Mocha」，綽號「肥的虎紋貓」，花名「肥嘟」，但我的乳名就從來沒有公開過。當我小時候，每次三貓媽媽叫我，我都會回頭「wa」一聲回應她。對，是「wa」，不是「meow」，所以我的乳名是「wa wa」（讀出來就像「娃娃」呢）！

@Meowmeow mia 貓貓咪呀
英文名：Chorizo（意思係肉腸）；
中文名：肥仔祥嫂（我雖然係男仔，但係叫祥嫂，因為佢下巴有粒墨……）。祥嫂重8kg，真係無改錯名叫肥仔Chorizo……

@Wong Ho Yee
我是少白，多黑色少白色，是少黑的哥哥。

@Wong Ho Yee
我是少黑，多白色少黑色，是少白的同胎妹妹。

@劉宅
我家姓劉，所以我叫劉備，英文名Lubi，貓如其名，與劉備一樣威武。

@劉宅
我家姓劉，我係二仔，劉邦，英文名BonBon。

@Zoe Chung
我叫單眼皮！

@Edmond Man
燶豬報到～

@Tony & Aggie
我本來叫miki，後來貓奴貪得意叫我鼠鼠（因為我個名同mickey mouse既mickey同音），自此之後我就開始俾屋企既其他貓追殺，原來唔怕生壞命，最怕改壞名係真架，各位貓奴幫主子改名前三思呀！

其實我家四位主子以前也是流浪貓，不敢說牠們現在很幸福，但至少溫飽有瓦遮頭倒是真的。每天在Facebook看到太多貓b和成貓在尋家，很心痛但無能為力……我明白不是每一個人都愛貓、愛狗，願意照顧流浪動物，你可以不愛牠們，但絕對不可以傷害牠們。牠們雖沒有發言的能力，但牠們是有絕對生存權的。希望大家都能夠以領養代替購買，不要再購買動物了，領養的一樣可愛！

@Tony & Aggie

# 幫神經質的我加添安全感

不要問我為什麼，我天生就是那麼的神經質，即使小小的聲響、突如其來的輕撫，我也會被嚇得跳起來。你可能會覺得奇怪，街貓什麼都不怕，還能在充滿危險的街上四處走；然而我們也是貓，但家貓卻連家門也不敢踏出一步？這是因為在我們最具關鍵性的首九個月成長期，沒有接觸過這些事和物，所以天生對異物特別謹慎的貓咪，面對異物和陌生環境就會特別害怕。

所以，請不要勉強我去接受我害怕的事物，正如你害怕蟑螂，只要蟑螂放在你面前，無論別人如何努力去安撫、去告訴你蟑螂不會咬你、動到你一根頭髮，你也會汗毛直豎、怎樣也不能接受它。

同樣地，如果我害怕陌生人，我也不可能因為對方是愛貓人就不害怕。所以有客人到訪前，就請為我準備好「安全島」，裡面放滿我的玩具、毛巾等物品，好讓我能夠在藏起來之餘，又有安全感。

　　「安全島」可以是能瞄到客人的隱蔽地方，讓我能好好地「監視」客人，但也請你拜託客人，說話儘量輕聲一些。

在家裡時，我感到很安全，即使有陌生人，我也不會害怕。

# 不要體罰我

我們貓咪很聰明，能夠從你的聲調分辨你是在責罵我還是在呼喚我。但是我們不明白體罰，例如：你下班回家後發現我把除濕機的水箱打翻了，但因為事情已經發生良久，我們沒法把我剛才打翻水箱的事和你的打罵聯繫，所以你責罰我們時，我那一臉的無辜可不是裝出來的，而是我們真的感到困惑與無辜。我只知道你打我，會傷害你我之間的感情。

所以當我們做錯事，例如：在沙發磨爪，你可以邊以低沉的聲線嚴厲地說：「bad boy」，然後邊把我抱到磨爪板，輕輕捉著我的手，教我在磨爪板上磨；如果我學會在磨爪板上磨爪，就讚我聲：「good boy」吧！

當我們做錯了事，應該說：「No」、「bad boy」，甚至你討厭的上司的名字也可以，但是千萬別凶惡地斥喝我的名字，否則我們會把自己的名字與責罵連在一起，以後你叫我的名字，我也不會理睬你了。

# 十分鐘與一生一世

我們貓咪會揀選中聽的說話去聽，例如「good boy」、「開飯啦」！

記憶，我們也會選擇性去記。

我們會挑重要的東西去記住，例如令我快樂的事——你回家前升降機開門的聲音、打開罐罐的聲音，和收藏玩具的地方。

另一種我不會忘記的事情，就是曾經令我痛苦、傷心和受傷的經歷和東西，我們不想記住，但求生本能會把這不快樂和痛苦的經歷，深深烙下在我們的記憶之中。這解釋了為什麼貓奴要花十倍的耐性和愛心，才能得到曾被遺棄、受到人類虐待的貓咪的信任。

不重要的事，我們都放在「短暫記憶」暫存，十分鐘後就會自動清除。

貓生快樂事多，不重要的記住幹什麼？

肥嘢？媽媽你叫誰呢？

# 從對視比地位高低

我們不愛被陌生人盯著眼睛,但我們卻愛和我們喜歡的貓奴有眼神接觸。

如果我一直盯著你而沒有逃避你的眼睛,就代表我認為我的地位比你高。

但當你我四目交投時,我逃避你的注視,就代表我認同你的地位比我高。

我贏了!

# 送你一個飛吻

當我凝望著你，含情默默地、慢慢地眨一眨眼，就是向你拋了一個飛吻。

當然，如果我凝望著你，含情默默地、慢慢地把眼皮垂下，這就……不是飛吻，而是打瞌睡了。

# 找出不愛貓的人

我們貓咪能觀人於微，不出十秒鐘就能夠找到不愛貓的人。不是我們有超能力，而是我們不愛被陌生人直視眼睛。

對我們來說，被陌生人盯著眼睛等如對我們挑釁，甚至覺得很不禮貌。就算你再努力發出的友善目光，我們也不會理解。

愛貓的當然會看著我的臉，但是不愛貓甚至害怕貓咪的人就對我們不屑一顧，甚至迴避我們的目光。

我們往往會走到不愛貓、怕貓的人身邊，因為他們沒有侵略性，又有「禮貌」，所以我們會選擇走近「有禮貌」的陌生人身邊。

他愛我

他不愛我

他不愛我

他愛我

# 我的魔法箱

有孩子和貓咪的家都有同樣的煩惱，就是一地都是玩具。你可以買一個盒子，把我們的玩具都收理好，家居又整潔，一舉兩得。這盒子就像魔法箱，即使是舊玩具，只要放在魔法箱數天，我們便會當新玩具般興奮地玩。

喔！發現
新玩具💙

# 一二三，木頭人

「一二三，木頭人」(★)這個遊戲陪伴很多人度過歡樂的童年，當「鬼」的人背對玩家喊口令，玩家們把握機會往前跑，但當「鬼」喊完口令回頭之前，玩家們必須停下並「定格」不動。

這個遊戲可不是只有小朋友愛玩，連我們貓咪都愛玩。

「一二三，木頭人」這個遊戲正是狩獵者和被獵者的角色遊戲，我們可是天生的狩獵者，所以我們都是這遊戲的高手呢！

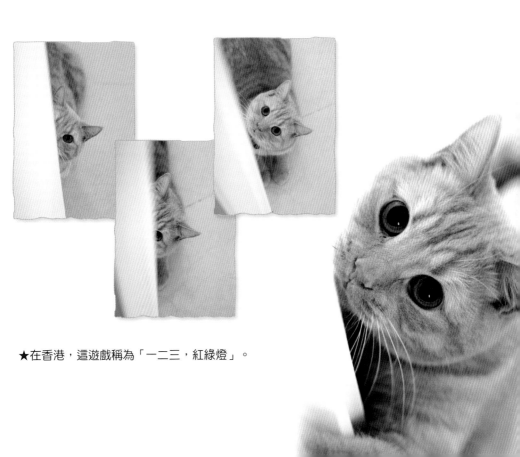

★在香港，這遊戲稱為「一二三，紅綠燈」。

# 喜歡三貓媽媽多過三貓爸爸

當三貓爸爸叫我，我不一定會回應；但三貓媽媽一叫我，我會第一時間走到她身邊。

這不是因為我喜歡三貓媽媽多一點，只是我們喜歡溫柔聲調較高的聲音，所以我們喜歡女性的聲音多一些。

# 屁股後的安全感

貓咪缺乏安全感，所以我們無時無刻警覺性都非常高，即使休息的時候，都會面向我們認為危險的方向。

當我們挨在你身邊，或伴著你睡，我們很少會把臉湊近你的臉，而是用大屁股對著你，這是因為我很信任你，背後有你作我靠山提供保護，我就可以安心地休息了。

# 赤裸裸

我們貓咪都愛赤裸裸,不只是衣服,其實我們不愛身上有任何東西,頸項圈已是我們的極限。

我們已經穿上了最漂亮、最天然的皮草,所以不必為我買衣服了!

# 討貓厭的六件事

　　第一件事：尖叫聲——我們的耳朵很靈敏，所以很怕巨大的聲響，尤其是刺耳的尖叫聲。

　　第二件事：香水——即使是氣味清幽、帶有花果香的香水，對我們來說都是難忍的氣味，我們會敬而遠之。這些香水味把屬於

你的天然氣味也掩蓋了，如果你想憑香氣來吸引我們，我會建議你塗上eau de catnip（貓草香水）或eau de salmon（鮪魚香水）也不錯。

第三件事：強吻──接吻是人類愛的表現，但我們貓咪並不苟同。你若想對我表達「我愛你」，你可以撫摸我、為我按摩。接吻？不用了，謝謝。

接吻？那好吃嗎？

第四件事：出奇不意──我們不愛驚喜，也不喜歡突如其來的行為，為免受傷或者被我討厭，請勿突然從後摸我、把我抱起。

第五件事：三分鐘熱度──每日抽十分鐘時間陪我玩也不算是太大的要求吧？不過請不要把這十分鐘分成三等分。試想，當你正興致勃勃地和朋友打網球，但不出三分鐘，朋友就收起球拍說不

媽媽！我們來玩吧！

想再打了；又或者你正和朋友互通短訊，但三句之後他就沒有再回覆。你是否會感到很沒趣、覺得朋友很不禮貌？這正是當你和我玩da bird，正當我玩得興起，但你忽然把da bird收起，不再和我玩的感覺一樣。我們貓咪的集中力很短，十分鐘左右我們已經玩膩了，所以希望你能認真地花上十分鐘時間和我玩。

第六件事：穿衣——我必須一再重申「我們不愛穿衣服」！就算天氣寒冷，你也只要為我準備暖水袋、電暖毯就好，衣服會把我們的皮毛壓平，反而減低皮毛的禦寒力。

# 關於愛貓人，你又知道多少？

因為我們貓咪被視為神祕、孤僻和冷漠的生物，所以愛貓人也常被扣上相同的標籤，但這其實很不公平。

愛貓人多有以下的特點，身為愛貓人的你，又同時擁有多少個特點？（請勾選）

○思想比較開通，勇於嘗試和接受新事物。

○個人主義者。

○有一成機會是內向人。

○神經質，容易焦慮。

○有17%是擁有大學或以上程度的教育。

○懂得中庸之道。

○有21%喜歡說冷笑話和帶諷刺的笑話，而其中有一成人會把冷笑話放上臉書和朋友分享。

○注重環保。

○坦率，不愛說謊。

○是個可靠、值得信任的人。

○比較溫柔。

○喜歡藝術，有創意。

○慢熟（慢熱）。

○當遇到被遺棄的貓咪，有兩成人會把貓咪帶回家。

○不喜歡動物圖案衣物，例如豹紋衣。

○有29%比較喜歡住在市區。

○比較情緒化。

○多愁善感。

# 我的春夏秋冬

雖然我們家貓長期留在家中，而且香港和台灣都屬於亞熱帶氣候，但是四季氣候也大不同：春天非常潮濕多雨，夏天氣溫會升至攝氏31度以上，秋季天氣晴朗，清涼乾爽，冬天少雨乾燥，但氣溫會降至攝氏12度以下。

你們會因應四季更換衣物，我們貓咪也應該因應春夏秋冬不同季節，而有不同的照顧和注意的事項。

春天──三月至五月

　　春天是貓咪的換毛期，如果不想家裡貓毛滿天飛、地上有毛球在滾動，無論是長毛貓抑或短毛貓，你都要為我勤梳毛。

　　春天比較潮濕，跳蚤、耳蚤、真菌等特別活躍，如果曾經與其他貓狗有接觸，回家就一定要徹底洗手。

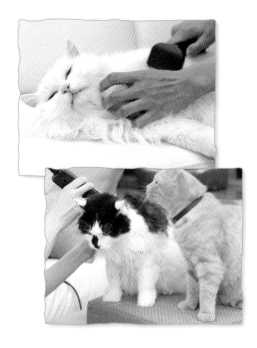

## 夏天──六月至八月

　　雖然我們在春天已經努力脫毛，但是我們仍然披著一件厚厚的毛衣，我們和你一樣，會因高溫缺水而中暑，所以請你把窗簾關上，以免家裡的氣溫因日曬而上升。

　　春末夏初是跳蚤繁殖的高峰期，如果家裡是鋪地毯和木地板，就要勤加清潔，因為地毯和木地板都是跳蚤繁殖的溫床。幫貓咪洗澡，最好使用有除蚤功效的洗澡液。

　　如果你是會給貓咪罐罐的好貓奴，就要多注意一件事，春夏又熱又潮濕，食物容易變壞，所以吃剩的罐罐就要倒掉，且每次都要把貓碗洗乾淨。千萬不要把吃剩的罐罐一直放在貓碗裡，以免我們進食變壞了的食物而食物中毒。

### 秋天——九月至十一月

我們會為秋冬作準備，開始長出厚厚的冬季毛，請你多為我梳理毛衣，增加皮膚血液運行，讓我新長的毛衣更厚更漂亮。

### 冬天——十二月至二月

雖然身處亞熱帶，但冬天時也要為我們貓咪保暖，尤其是幼貓和老貓，可以的話多給他們一張溫暖的毛毯，甚至一個暖水袋。一個優質的暖水袋可保暖八至十小時，早晚換上熱水一次，就足夠為貓咪保暖一整天，比起電暖毯和電暖爐既省電又安全。

冬天天氣乾燥，本來已不多喝水的貓咪，會因為怕冷和懶惰而不喝水，你可以用針筒（當然沒有針頭啦）餵水給貓咪喝，水分不足可能會引起便祕，要多加注意。

和夏天相反，冬天可以把窗簾打開，讓暖如的陽光照射入屋，我和細佬佬都愛在冬日陽光下碌地沙。

不要怪我在你衣服留有貓毛，我身上每平方公分有二萬條毛以上，你衣服上區區幾十條算得上是什麼？

媽媽為什麼又養新貓？

新貓？

# 溫暖牌毛衣的幸福

每逢春末夏初，因為要換上較薄的毛衣，我們脫毛特別多，你為我梳下來的毛髮，就此丟進垃圾筒實在浪費。

其實只要把梳下來的貓毛清潔好弄乾，把它搓成球狀，洒點乾貓草，貓毛球表面組織會把乾貓草扣著，自然成為最佳的免費玩具。

除此以外，你還可以用貓毛製成各式各樣的小手作和裝飾品，例如：手機吊飾、領帶夾、圍巾、名片夾、指偶等等，三貓媽媽就在日本買了這個用貓毛製成的咖啡杯小擺設，是否很可愛呢？

日本自由作家蔦谷香理的《貓毛氈手作雜貨》，就教你如何利用貓毛製作各式可愛又實用的小手作，大家不妨買本來參考，讓你和你身邊愛貓的人，都能享受我的溫暖牌毛衣的幸福和樂趣。

# 我愛獨處，也愛被撫摸

我們雖被標籤為孤獨、自我、冷漠的生物，但其實我們也喜歡被愛、被撫摸。

幼貓不會為自己打理毛髮，所以貓媽媽會舔舐幼貓，為孩子清潔；而你們撫摸我們的感覺，很像我們幼時貓媽媽舔我們的感覺——很溫暖、很幸福。

當你撫摸我時，如果我直豎尾尾、用屁屁對著你，別以為我沒禮貌，這其實是我對你愛的反應。

這是我們幼時要求貓媽媽為我們檢查肛門的動作，所以當你撫摸我時，我用屁屁對著你，這代表我已視你為我的好媽媽。

　　不過我們不是隨時愛被撫摸，當我想被摸時，我會來找你，其他時間，你就讓我獨樂樂吧！

# 愛的按摩

按摩是人類和貓咪增進親貓關係的最佳方法，肌膚之親的力量非常強大，透過你的手掌，把你對我的關心和愛護傳遞給我，可提升我對你的愛和信任。

在上一本《貓咪希望你知道的50件事》裡提及過，替我們貓咪按摩有助釋放你體內的安多芬（endorphin），使你心情愉快；而按摩可以促進我們的血液循環和新陳代謝，毛色也能增添光澤。

此外，當我們感到壓力和焦慮，你可以把我的耳朵貼著你胸膛，讓我邊聽著你的心跳聲、邊享受你的按摩，這樣可以幫助我們減輕壓力，安撫負面情緒。

如果貓咪有便祕問題，你可以順時針方向輕輕在貓咪的肚皮上打圈，幫助大腸蠕動，便便就會跑出來（如果便祕問題嚴重，就要請教醫生啦）。

貓咪肉球對貓奴有著科學不能解釋的療癒作用，而我們的肉球和肉球四周都有許多穴位，當你按揉我的肉球時，如果我肉球開花，你不妨逐粒肉球還有肉球間的位置，都輕輕捏一下，為了報答你，我可是會大聲咕嚕咕嚕地向你道謝。

# 細佬佬，你幹嘛變成大隻佬？

在大約四十多種認可的家貓品種當中，布偶貓（Ragdoll）是最巨型的家貓品種，女布偶貓體重約有4.5至6.8公斤（約10至15磅），男布偶貓可達9公斤（約20磅）。

細佬佬才6.8公斤，只是S碼了！

# 無聲的溝通

如果你有個多貓家庭，你有沒有想過我們貓咪之間是如何溝通？如果你有留意就會發現，我們貓咪之間是不會談話的，我們只會向對方咆哮、發出嘶嘶聲（hiss）和咄咄聲（spit）。

一般貓咪之間的溝通，主要是靠身體語言，不過訊息只有兩種，就是「過來呀」和「走開呀」。當我飛機耳加狂擺尾巴，就不要靠近；當我垂下頭、豎直尾尾，就歡迎走來我身邊討我歡心。

喵叫聲主要是用來和你們人類溝通，例如要求你「開門呀」、「肚餓啦」、「起床啦」、「清理便便盤呀」等等。如果我望著你喵喵叫，然後走幾步，回頭望望你，再走幾步，再一次回頭看你，我就是想得到你的注意和對你有所求。如果你願意跟著我，讓我知道你重視我的所需，我會更加愛你、信賴你。

# 打架也是樂趣

擁有兩隻年齡相若貓咪的貓奴，都一定見過貓咪本來只是互相追逐玩耍，但追著、玩著就打起架來的情況。其實只要不受傷，打架也是樂趣。

若兩貓打架打得過激，你想停止這場打鬥，你會：

A. 像拳擊裁判一樣，站在兩貓中間、硬生生把兩貓分開。

B. 拿出藤條，大聲喝止。

C. 拿出小點心或貓草玩具給他們。

Mocha教授的標準答案是C。

兩貓打鬥時拿出小點心或貓草玩具給他們，不是鼓勵他們去打架，而是要轉移他們的注意力，尤其是有貓草味的玩具，一嗅就完全忘我。

打架？

忘了。

開飯啦!

☀頓時忘了打架

貓咪都愛規律的生活，每一個小小的改變也會令我們不安和困擾的。

我們習慣了在你每日上班前吃早飯，所以我們就會在七時你的鬧鐘響前，醒來等你起床、為我準備早飯。

平時你會七時半就下班回家，我們則早在五時半就走到客廳期待你回來，所以你一打開門，一定見到我坐在玄關等你。

我們也會知道你周末不用上班，所以我們會陪伴你一直睡到十時才起床。

為免我搶大家姐的食物，所以大家姐會獨自在書房吃，而我和細佬佬就在廚房工作枱上吃。每次開飯，大家姐都會坐在書房門

每天早上七時三貓就會起床，輪流用「眼神激光」喚醒三貓媽媽。

外等候，即使三貓媽媽把罐罐放在平時放乾糧的地方，大家姐也不會走去吃，而會等待媽媽打開書房門，走到書房裡吃。

每天下午三時，都會走到客廳沙發睡午覺。

每天黃昏五時，就會坐在玄關前等媽媽放工回家。

# 要養成衛生的好習慣

外面的世界充滿危險，也充滿細菌。你每日外出經由雙手接觸到的，例如：門把、公車扶手、升降機按鈕、紙幣等都滿布細菌，一雙鞋子也在你不知不覺間，帶了無數細菌回家。

我們愛在家裡滾地沙，又赤腳在家走來走去，細菌就容易沾在我們身上和小肉球上。當我們把肉球開花，盡情地舔舐肉球時，就會把細菌吞下，情況就如舔門把、公車扶手、升降機按鈕、紙幣

甚至你的鞋底一樣……

　　所以請你每天外出回家後，務必在玄關把鞋子脫掉，把雙手洗乾淨後才抱抱我們。

大家都知道吸菸會危害健康，而二手菸非但害人不淺，也害了你家中的愛寵。

二手菸會導致甚至增加狗狗患上鼻咽癌和肺癌的機會；貓咪則多會因為吸入二手菸而患上致命的淋巴癌和口腔癌；連家中飼養的小鳥，也會因為家中有人抽菸而患上肺癌。

我們比狗狗更容易因為吸入二手菸而患癌，原因是貓咪常常會替自己整理毛衣，這時會連同香菸積聚在我們毛衣上的致癌物質一併吞下，因此家有菸民的貓咪，比無菸貓家的貓，患上淋巴癌和口腔癌的機會高上三至四倍。

這不是雪茄，只是木天蓼棒。

# 高床軟枕

我們每天平均花上三分之二的時間睡覺,所以一張好的貓床對我們來說是非常重要。

　　寵物店有著各式各樣的貓床,有用塑膠造的、有籐製也有布製的。塑膠造的床雖然容易清潔,但可能有人類嗅不到的塑膠味(別忘記,你們人類只有五百萬個嗅覺細胞,我們卻有二億個),所以塑膠造的床不太受貓咪歡迎。

籐製也好、布製也好，那管只是從超市拾來的紙箱，只要大小適中就是好床，最重要就是把貓床放在家中少人走動、沒有騷擾的角落。

　　不過我認為最好的睡覺地方，就是貓奴的大床，而最佳位置就是貓奴的臂彎或大腿中間。

# 謎一樣的紙箱

大家都知道，不論大貓小貓，都無法抗拒紙箱的魔力，但我們到底為什麼會對紙箱情有獨鍾？

這都是因為我們的祖先……

人類和貓咪的祖先一樣，都是以洞穴為家，洞穴是天然的屏障，既能遮風擋雨，也能抵禦敵人，只要守在洞穴口，就不必擔心四周，尤其是躲在背後的敵人。

這天性至今仍未改變。我們喜歡紙箱，就是因為紙箱給予和洞穴相同的遮蔽性，而大小適中、恰恰好塞入一個貓的紙箱就最理想。被紙箱四邊包著能帶給我們很大的安全感，所以不論紙箱的大小，我們都會毫不猶疑地鑽進去。

無論紙箱多小，二佬也努力擠進去。

# 有大窗子的家

或許香港的建築師都是愛貓人,所以香港的新住宅大廈都有個偌大的窗台,讓我們可以望望窗外的世界。即使沒有窗台,你也可以放張椅子、貓樹等做為我的瞭望台。

窗戶是我們家貓觀看外面世界的一部大電視，但也可能是通往死亡世界的一扇門。每年都聽到不少貓咪，因為貓奴沒有把窗戶關好而失足墜樓身亡的消息。與其意外發生後呼天搶地，還不如避免意外的發生。

貓奴一定要把窗戶關好甚至鎖好，不要低估我們的好奇心和力氣。我們都會軟骨功，頭若穿得過，身子就穿得過。所以即使裝上貓窗花，也得要確定窗花間的空隙夠窄，容不過我們的頭子穿過呀！

## 第32件事
# 地心吸力與貓

我們貓咪竟然能和名人拉上關系？

牛頓（Sir Isaac Newton 1642～1727）除了發現地心吸力之外，更為我們發明了方便出入的貓門！

話說當年牛頓把自己關在房間做實驗，大家都知道我們貓咪不容許家裡有關上的門，他的愛貓Spithead經常咪咪叫，進入房間後不久又要離開，一次又一次阻礙他做實驗，於是牛頓就發明了能夠讓貓咪自出自入的貓門。

呵呵呵……

別太認真，據聞牛頓根本沒有養寵物，但無論如何，貓門的確是一樣偉大的發明！

## 第33件事
# 更上一層樓

我們除了是天生的狩獵者，也是探險家。我們喜歡跳上跳下、爬高爬低。作為家貓，我們受到你的愛護和照顧，不過我們的天性不變。

我們不需要大屋，可以的話，請買一個既可磨爪又可以讓我上下跳躍的貓樹，又或者給我們造幾個層架，讓我能「更上一層樓」。

# 對著窗外的小鳥咔咔笑

── 貓家很幸福，家裡有很多大窗戶，三貓也愛在窗邊，仰頭可
── 見在藍天飛翔的小鳥，低頭可看到大小車輛在馬路上風馳電
掣。

我們家窗外有根燈柱，小鳥都愛在燈柱頂休息，當細佬佬看
見小鳥時，他會向著小鳥「咔咔、咔咔」地笑。

其實他不是在笑，那只是當他看見小鳥（獵物）時，非常興
奮和著急的表現；另一個說法是因為得不到而感到極度挫敗感的反
應，有如人類著急時會踱腳踏地、坐立不安一樣。

# 音樂治療

輕柔的音樂有助釋放安多芬（endorphins）、減低焦慮不安的心情，是最好的非藥物治療方法去安撫精神緊張的貓咪，也能為獨處家中的貓咪帶來平和的感覺。

當你離家去旅行、甚至只是上班，不妨播放一些你經常在家播放的音樂，我們把會音樂和你聯系起來，減低因與貓奴分開的不安情緒。

搬家會令我們精神非常緊張，音樂絕對可以幫助我們舒緩情緒。你可以播點輕柔和節奏比較慢的音樂，例如古典音樂、爵士音樂，大自然音樂如流水聲等也可以。眾多樂器之中，以豎琴對我們最有療效，只要十五分鐘，我們就會慢慢平靜下來。

# 開了大號真快樂

細佬佬最愛躺在浴室門口，等待開完大號的我狂奔出浴室，他便可以趁機和我玩追逐遊戲。

你也許留意到，我們開大號前後，都會在家裡跑來跑去，有說我們開大號前心情緊張，所以狂跑；大號後心情暢快，無便一身輕，所以又狂跑。

到底事實又是怎麼一回事？

和對紙箱的迷戀一樣，都是祖先留下來的天性。

即使我們開完大號後會把便便埋起來，試圖掩飾我們的行蹤，但是這樣還不足夠，為了不讓敵人和捕食者知道我們的巢穴所在，我們的祖先都會跑到遠離巢穴的地方上廁所，完事後把便便埋好，便火速跑回巢穴。

所以，下次你見到我在家發瘋狂奔，記得就自動拿出便便鏟，為我清理便便盤吧！

開了大號，真開心啊！

# 貓砂的選擇

貓砂盤是便便的地方，本來就不應該是香氣四溢的，只要每日清潔最少兩次，便便盤的氣味其實也不是那麼壞，也許我大便後會臭一點，但只要擦一根火柴，難聞的氣味就會隨著火焰消滅。所以無論你選擇那一種貓砂，千萬不要買有香味的貓砂，例如薰衣草味或檸檬味貓砂。

我們對貓砂也有要求，如果你為我們換上不同類型的貓砂，你就要仔細留意我們有沒有在新貓砂上便便。如果半日內我們都沒有在新貓砂上小便，就把你新買的貓砂丟掉，換回舊貓砂吧，因為我已用「罷便」行動去告訴你我不喜歡它。

@Jannifer Ho
咪搞住晒啦

「罷便」的結果會很嚴重，一、兩日內就會影響泌尿系統，導致膀胱炎或尿道炎，醫藥費比那包貓砂還要貴，得不償失。

　　水晶砂很漂亮，但凝結力、吸水力欠佳。我們小便後有埋掉便便的習慣，但因水晶砂凝結力差，結果乾淨的和沾了小便的混在一起，較挑剔的貓咪用上一、兩次又可能會「罷便」了，要整盤倒掉換上全新的水晶砂，很不划算呢。

　　三貓家就愛用豆腐砂，豆腐砂礙結力佳，可水溶，清潔方便，雖然價錢比較貴，但因為我們學會了用馬桶，所以一包七公斤的貓砂可用上三個多月。

@芝麻媽媽
前面有野食，食完上廁所是常識吧！

@Orange Chan
Do Not Disturb！

@撈媽
肥撈大號中～～

@Patrick Wong
大快樂後，一臉茫然！

貓砂盤小分享

1. 閉封式好，開放式也好，最好就是把貓砂盤放在不受騷擾、隱私度高的地方。

2. 如果你是多貓家庭，你可能需要放上兩個或以上的貓砂盤，因為有些貓咪不接受和其他貓咪分享貓砂盤。

3. 建議用沾濕後會凝結的貓砂，較容易清理小便。

4. 如果你選用大顆粒的貓砂，例如豆腐貓砂，雙層貓砂盤是個不錯的選擇。用普通單層貓砂盤，小便會在底部流開；但如果用雙層貓砂盤，部份小便會流到下層，沾上小便的貓砂會比單層貓砂盤少一半以上。

5. 建議至少要放2至5公分厚的貓砂，選用雙層貓砂盤的話，放1公分已足夠了。

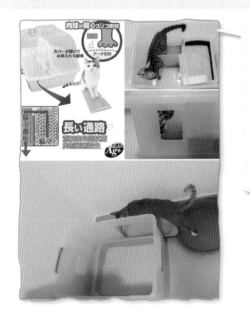

@北夫人
為防止屋企沙漠化，曾經參考左上方的日系款式DIY左個防砂貓廁，防砂效果的確非常好，但後來貓貓大隻左唔夠用，唯有換個大啲嘅盆放在膠箱中，再在外加兩個兜來收集貓砂，一直沿用至今。

# 貓會捉老鼠，不會吃老鼠

市面上有牛肉味、雞味、羊肉味、鮪魚味⋯⋯的貓糧，但就是沒有老鼠味的貓糧。原因很簡單，貓咪根本不愛吃老鼠！

聞上去好好味啊～

## 第39件事
# 幸福是吃到一頓香噴噴的飯餐

貓咪對食物的香味比對食物的味道更有興趣，人類有九千多個味蕾，而我們只有四百七十三個味蕾，所以嗅覺不再靈敏的大家姐對香味欠缺的乾糧一點興趣也沒有。

很多貓咪都不愛沒香味、味道不好的配方糧，你可以乾糧上伴點鰹魚絲，我們多少也會吃一點。

## 第40件事
# 罐罐vs.乾乾

多年以來，大部分獸醫都建議給我們乾糧，因為他們發現食用乾糧的貓咪，牙齒比較清潔、牙齦問題比較少，而且很少會有肥胖問題。

對於貓奴來說，乾糧非常方便，經濟又不易變壞。不過乾糧成分大多都含有過高的碳水化合物，雖然未有醫學根據，但是很多獸醫都懷疑含高碳水化合物成分的乾糧，有可能是導致貓咪患上糖尿病的主因（二佬Tiger喜歡吃脆脆的乾乾，他就是因為糖尿病而離世）。有些不良貓糧製造商會在乾糧上，灑上脂肪或添加劑以增

加乾糧的香味，但是這些添加劑對我們的健康絕對無益。

　　所以，只要你肯替我刷牙，吃罐罐一樣可以沒有口腔問題。雖然優質的罐罐價錢是比較高昂，然而廉價的罐罐僅會替你省今天的錢，將來就要花比優質的罐罐高數十倍的價錢，來治療因為劣質食品為我所帶來的後遺症。

　　我曾經說過，沒有單一種最好的食物，所以我們的餐單可混合罐罐和乾糧，例如早餐給我們罐罐，其餘飯餐可給我們乾糧，這樣既可以得到吃乾糧的好處，而我們愛吃的罐罐就能幫助我們吸取多一點水份。

為什麼不建議早餐給乾乾，其餘飯餐給我們罐罐？

# 偶爾換換貓糧

你可能會奇怪:「換貓糧?貓咪腸胃不是會因為適應不了新貓糧而肚痛,甚至肚瀉嗎?」

你要明白,沒有一種貓糧甚至食物是完美的,長期食用同一種貓糧,反而會導致營養不均衡。

我們隨著年紀長大,所需的食物營養會有所不同,尤其當我們年老和有長期病患,便需要吃處方糧。但如果我們長期只會吃同一種貓糧甚至同一個品牌,我們便會很抗拒新食物。況且一個品牌和其味道、配方的生產線也有可能會停產,又可能因為其他原因而

又是鮪魚味?

不再進口，向來只吃單一品牌和味道的貓咪就得被迫轉糧，如果我從來沒有吃過其他品牌和味道，腸胃就更難去適應。

雖然有些貓咪會因適應不了新貓糧而引發腸胃問題，但其實很多貓咪對轉吃貓糧是完全沒問題的。為了我們的肚皮和健康著想，你可以循序漸進方式替我們轉換貓糧，也可以用平常吃的貓糧為主糧，新糧為副，增加食物多樣性。

# 我要健康 我要飲水

三貓媽媽發現細佬佬愛在她刷牙時討水喝，他喜歡從她的漱口杯裡喝水。她不清楚細佬佬平常有沒有從水碗喝水，她在家早晚各刷一次牙，如果細佬佬只在她刷牙時才喝水，那麼他便有缺水問題。

三貓媽媽每天早上、下班和睡前都會清洗我們的水碗和換上清潔的水，挑剔如大家姐，也都是在水碗喝水，那麼為什麼細佬佬愛在媽媽刷牙時討水喝？

我們喜歡新鮮的食物，水也一樣。我們的水碗都是放在地上，水碗又沒有蓋，很容易便受到空氣中的塵埃、毛髮等污染，即使一日換三次也不足夠。而且水碗都放在我們的食物旁邊，雖然方便，但我們一不小心就會把食物掉到水碗裡。

你也不會喝滴了飯菜汁的水吧，我們也同樣不喜歡呢！

所以，為了讓三貓能夠攝取足夠的水分，三貓媽媽決定買一個貓用飲水機，清水經過濾機不停流動，流動的水挑起我們的好奇心，經過我驗收後，三貓都愛從飲水機喝水，從此細佬佬再沒有在三貓媽媽刷牙時討水喝了！

# 水的疑惑

**貓**奴：水，到底有沒有必要得煮沸過後才給貓咪喝？

Mocha：這問題沒有絕對的答案，以三貓為例，無論水有沒有煮沸過，大家姐都會喝；但我和細佬佬就不愛喝煮沸過的水。

貓奴：那麼我買桶裝蒸餾水或礦泉水給貓咪喝好嗎？

Mocha：蒸餾水雖然「清純」，但也缺少了水裡應有的礦物質和身體所需的鉀和鈉，不宜長期飲用，而且蒸餾水接觸空氣後會變微酸，我們都不愛喝。而桶裝礦泉水……如果真的是天然礦泉水，對你、對我們貓咪都是最佳的飲用水。但根據「自然資源保護協會」（Natural Recourses Defense Council）在二〇〇七年的報告指出，有四成的桶裝水都是從水龍頭開出來的自來水，有些甚至沒有經過任何處理。

貓奴：那麼我應該怎麼辦？

Mocha：香港的自來水已達飲用級，只要大廈供水水箱定期清洗、大廈自來水系統維修妥善，自來水可由水龍頭直接飲用的。香港的自來水含有輕微的氯氣，自來水經煮沸後，水中的氯氣便會完全消失，不過三貓都會喝沒有煮沸過的食水，氯氣的味道應該不是問題吧！

如果你仍然不放心給貓咪飲沒煮沸過的自來水，你可以加裝一個濾水器，不過要記得定期清潔或更換濾水芯啊。

## 第44件事
# 不要給我檸檬

我不是怕被拒絕，只是不喜歡檸檬和橙的味道，我們貓咪的嗅覺比人類靈敏十多倍，其中酸味和薄荷味會刺激我們的淚腺，所以我們都會敬而遠之。

# 家有一老，如有一寶

人會老，貓也會，而且我會老得比你快，當我十七歲時，就已經等如人類八十多歲。想老貓更老得健康、老得快樂，就要認識老貓快樂長壽的方程式。

## 水分充足

年長貓咪易倦和缺水，即使口渴了，也會因為懶惰而不願起身走去喝水。可是老貓的內臟器官功能很多都已衰退，承受不了缺水壓力，所以在老貓愛睡的地方多放一碗水，可以的話就用針筒強行餵水，以確保老貓吸收足夠的水分。

## 勤於梳毛

老貓關節不再靈活，所以他們不好為自己整理毛衣，尤其像大家姐這類長毛貓，就更需要你的照顧。每天最少為老貓梳毛一次，大腿內側、腋下、屁股四圍就

最容易有毛結，大多老貓皮膚已失去彈性，強行梳走毛結會令老貓非常痛楚，所以要小心用尖頭梳一端溫柔地把毛結逐些、逐些解開。

定期修甲

除了因為懶惰而少飲水，老貓也因為懶惰而少磨爪，所以最少每星期應為老貓修甲一次。（想參閱更多資料，可見P103「老貓修甲」篇）

洗澡

老貓不適合全身濕洗，尤其是秋冬季，要是因著涼而生病就麻煩了。你可以用柔軟的毛巾、浸泡在稀釋了嬰兒洗髮精的溫水，把毛巾扭乾，然後為貓咪擦身即可。

飲食健康

　　無論你選擇給予乾糧還是罐罐，你一定要確保老貓攝取充足的水分。年紀大的貓對食物比較挑剔，其中一個原因是他們的嗅覺不大靈敏，對貓咪而言，食物的香味比味道重要，嗅不到香味，就自然不想吃啦！加上可能有牙齒問題，大件和硬的食物都吃不了。

　　所以有部分獸醫會建議給老貓吃罐罐，相比乾糧，罐罐食物很香，口感好又易吞，最重要是水份高（70% vs. 10%）。當然你也可以選擇「乾濕兼施」──例如：早晚給罐罐，兩餐之間就採「乾糧放題（吃到飽）」。你甚至可以把食物稍微加熱至攝氏三十六度左右（太熱和太冷我們都不會碰），食物加熱後香味更濃，更能挑起食欲。

　　老貓最好要少食多餐，大家姐每餐都分至少兩次進食，每次約兩茶匙。為幫助貓咪多喝水，你可以在餵食時加一湯匙的水在罐罐中，我們會不虞有詐乖乖地把水都喝個清光。

定期體檢

　　三貓媽媽每三個月就帶大家姐去驗血和量血壓，原因是大家姐有第三期腎衰竭，早在2010年時，獸醫甲就斷言她只餘半年壽命，這半年間還要天天吃藥、打皮下水針。三貓媽媽帶大家姐轉看另一位獸醫，雖然獸醫乙也同樣斷診大家姐有第三期腎衰竭，但情況不是如獸醫甲所說般壞，甚至不需要打皮下水針。只要天天吃藥，定期檢查，即使腎功能不會改善，但至少能夠減慢衰退。

　　年逾十歲的貓咪，身體或多或少會有毛病，作為一個負責任的貓奴，應該每半年帶貓咪做一次體驗──驗血、小便、檢查牙齒、量血壓等等，沒有病痛就當買個安心，如發現身體有問題，也能夠及早治理。如果你發現老貓體重下降、食欲不振，或有任何不妥，就要馬上帶他去看獸醫啦！

大家姐已經十七歲，等於人類的八十多歲，得到三貓媽媽的悉心照料，歲月並沒有在她身上留下明顯的痕跡。

我們貓咪得天獨厚，我們沒有眼袋、黑眼圈，皺紋、毛孔粗大、皮膚粗糙、鬆弛、細紋等問題……

除了色斑。

隨著貓咪年紀增長，有些貓咪的鼻子、嘴唇、眼皮四周會長出一點點的黑斑，這些黑斑有點像人類的雀斑。和雀斑不同的是，它們並不會因日曬而出現，只會隨著年紀增長，色素日漸沉澱、積聚而開始浮現。

十七歲。

十六歲。

這些黑斑學名是「單純性雀斑」（lentigo simplex），因為基因和遺傳的關系，橘子色虎紋貓最容易有雀斑。

不用擔心，這些雀斑不痛不癢，也不會影響身體健康。

不過如果這些黑斑有紅腫、擴大，接觸時我們會感到痛楚，這些都是免疫系統出現問題的徵狀，也有可能是癌症，你就要馬上帶我們去求醫。

# 老貓指甲

大家姐已經十七歲,除了吃和便便,每日兩次女王出巡、走到客、飯廳行一個圈之外,其餘時間都只是躺在床上,連磨爪次數也減少了。

雖然因為年長,指甲會長得比較慢,但因為指甲表層停止自動脫落,所以會變厚和易碎。當指甲太厚,剪指甲時老貓可能會感到痛楚。

如果家中有耆英貓,就要多加注意,至少每星期為老貓修甲,可以的話,溫柔地把已乾掉但未能自動脫落的甲皮拆下。

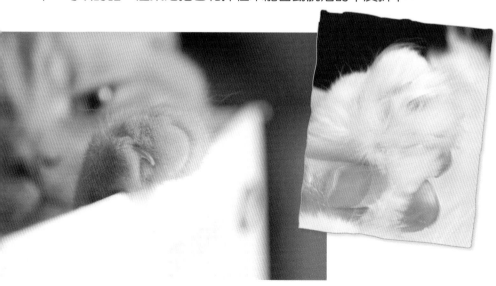

除了狗狗，我們貓咪也是你最忠心、最守祕的聆聽者。

# 我要宅男宅女貓奴

是你家中的一份子，有思想、有感情、有生命，可不是一件家具或玩物。

　　如果你愛旅行、工作繁重、經常要出差又不愛待在家裡，那就千萬別養貓。

# 我不是玩具

我有血有肉有感覺有感情有思想有生命，千萬不要當我是禮物送給別人。

不要一句「好可愛呀」而買一個貓咪給你家的孩子或女友，當我們長大，不再「卡娃依」，新鮮感消失後，被當作禮物的貓咪就會被冷落，更甚者可能會被遺棄或者送到動物收容所。你可

知道，這當中只有2%的貓咪會被收養，其餘的98%都會被死神接走？

　　決定飼養貓咪時，就像決定生小孩一樣，必須要慎重考慮，無論健康或生病、富貴或貧窮，你都要照顧我一生一世。

# 貓咪希望你知道的 另50件事

作　　者　三貓媽媽
攝影協力　Meowmeow mia 貓貓咪呀、Wong Ho Yee、劉宅、Edmond Man、
　　　　　Zoe Chung、Tony & Aggie、Jannifer Ho、Orange Chan、Patrick Wong、
　　　　　北夫人、芝麻媽媽、撈媽
企畫主編／責任編輯　陳妍妏
美術編輯／封面設計　劉曜徵
行銷企畫　張芝瑜
總編輯　謝宜英
出版助理　林智萱
出版者　貓頭鷹出版
發行人　涂玉雲
發　　行　英屬蓋曼群島商家庭傳媒股份有限公司城邦分公司
　　　　　104台北市民生東路二段141號2樓
　　　　　劃撥帳號：19863813；戶名：書虫股份有限公司
城邦讀書花園：www.cite.com.tw　購書服務信箱：service@readingclub.com.tw
購書服務專線：02-25007718～9（週一至週五上午09:30-12:00；下午13:30-17:00）
24小時傳真專線：02-25001990；25001991
香港發行所　城邦（香港）出版集團
　　　　　　電話：852-25086231／傳真：852-25789337
馬新發行所　城邦（馬新）出版集團
　　　　　　電話：603-90578822／傳真：603-90576622
印製廠　五洲彩色製版印刷股份有限公司
初　　版　2014年6月
定　　價　新台幣260元／港幣78元
I S B N　978-986-262-210-0
有著作權・侵害必究
讀者意見信箱　owl@cph.com.tw
貓頭鷹知識網　www.owls.tw
歡迎上網訂購；大量團購請洽專線(02)2500-7696轉2729、2725

城邦讀書花園
www.cite.com.tw

國家圖書館出版品預行編目資料

貓咪希望你知道的另50件事 / 三貓媽媽
著.繪圖. -- 初版. 臺北市：貓頭鷹出版：家
庭傳媒城邦分公司發行, 2014.06
　面；公分
ISBN 978-986-262-210-0(平裝)
1.貓 2.寵物飼養
437.364　　　　　　　　　　103010097

Momo